Sylvia Lorenz

Desertifikation - klimatische und anthropogene Ursachen

GRIN Verlag

Bibliografische Information der Deutschen Nationalbibliothek:

Die Deutsche Bibliothek verzeichnet diese Publikation in der Deutschen National-
bibliografie; detaillierte bibliografische Daten sind im Internet über http://dnb.d-
nb.de/ abrufbar.

Impressum:

Copyright © 2008 GRIN Verlag, Open Publishing GmbH
Druck und Bindung: Books on Demand GmbH, Norderstedt Germany
ISBN: 978-3-640-92077-8

Dieses Buch bei GRIN:

http://www.grin.com/de/e-book/172246/desertifikation-klimatische-und-anthropo-
gene-ursachen

Ernst-Moritz-Arndt-Universität Greifswald
Mathematisch-Naturwissenschaftliche Fakultät
Fachbereich Geographie
Physische Geographie

Seminararbeit im Rahmen des Seminars

Allgemeine Physische Geographie

SS 2008

Über das Thema

Desertifikation- klimatische und anthropogene Ursachen

vorgelegt von:　　　Sylvia Lorenz

Greifswald, den 1. April 2008

Inhaltsverzeichnis

1 Einleitung

Die Desertifikation ist eine der meist gefährlichsten ökologischen und sozioökonomischen Probleme des 21 Jahrhunderts. In den ariden, semi-ariden und trocken- subhumiden Gebieten umfasst die Desertifikation 35% der weltweiten Landoberfläche, mit einem Anteil der Weltbevölkerung von 20 %. Allein in Afrika sind 80% der Trockengebiete von ihr betroffen. (MAINGUET 1994, S. 42) Von allen speziellen Ursachen der Desertifikation, werden ca. 87% auf das Missmanagement von Wasser, Land, Vegetation und mineralischen Ressourcen bezogen, nur 13 % der Ursachen beziehen sich auf natürliche Prozesse. (BABAEV; ZONN 1999) In der vorliegenden Arbeit werden die klimatischen und anthropogenen Ursachen der Desertifikation erörtert, welche sich je nach Gebiet oder Zone unterschiedlich auswirken. In einigen Gebieten können klimatische, in Anderen anthropogene Faktoren überwiegen. Relief und Wasserbestände zählen dabei als Einflussgrößen. Zunächst werden die klimatischen Ursachen betrachtet, wobei sich vor allem auf die Aridität, die Dürre und die Niederschlagsvariabilität der Regionen, in denen die Desertifikation stattfindet, bezogen wird. Folgend werden die anthropogenen Ursachen herangezogen. Insofern werden die größten Einflussfaktoren wie Ackerbau, Überweidung und Bewässerung aufgezeigt. Letztlich wird die Komplexität der Ursachen deutlich gemacht.

2 Definition

Das Wort „Desertifikation" stammt aus dem Lateinischen „desertus facere" ab und wird wörtlich als „Wüstenmachen" oder „Verwüstung" bezeichnet. Die Desertifikation bedeutet somit „ *...die Ausbreitung wüstenähnlicher Verhältnisse in Gebiete hinein, in denen sie zonal- klimatisch eigentlich nicht existieren sollten.*". (MENSCHING 1990, S. 4) Desertifikation ist die Degradierung von Land in ariden, semiariden und trocken sub-humiden Gebieten. (vgl. Abb.1) Sie wird in erster Linie durch menschliche Aktivitäten und klimatischen Schwankungen verursacht. Die Desertifikation bezieht sich nicht nur auf die Ausbreitung bereits existierender Wüsten. Die Ökosysteme der Trockengebiete, die über 1/3 der weltweiten Landesfläche bedecken, sind extrem anfällig gegenüber unangebrachter Landnutzung, sodass Vorraussetzungen für die Desertifikation geschaffen sind. Über 250 Mio. Menschen sind direkt von der Desertifikation betroffen. (The United Nations Convention to Combat Desertification) Desertifikation ist damit das Produkt von einem Komplex aus Interaktionen zwischen dem sozioökonomischen System (Krankheiten, Armut, Hunger, unstabiler Wirtschaft) und natürlichen Faktoren. (Dürre, Wassererosion, Bodenversalzung, Abtragung der Vegetation) (BABAEV; ZONN 1999 S.49-50) Oft wird Desertifikation mit der Dürre verglichen. Es muss jedoch beachtet werden, dass bei der Dürre grundsätzlich klimatische Aspekte als Auslöser in Frage kommen. Die Desertifikation, als positiver Rückkopplungsprozess, wird sowohl durch klimatische als auch durch anthropogene Faktoren hervorgerufen und baut somit auf normal bedingt klimatische Dürreperioden auf. Die als Degradierungsprozess bezeichnete Desertifikation trägt in den Tropen und Subtropen den größten Anteil an der Umweltzerstörung bei. (MENSCHING 1990, S. 1-4)

3 Klimatische Ursachen

Tropische und subtropische Trockengebiete hängen von der planetarischen Luftzirkulation und der geographischen Breite ab. Um die Relevanz des Klimas für die Ausweitung der Desertifikation genauer betrachten zu können, werden zunächst die Eigenschaften des vorherrschenden Klimas in den Tropen und Subtropen erörtert. Effekte, die aus den Klimaänderungen bzw. -schwankungen resultieren, geben dem Desertifikationsprozess die nötigen Vorraussetzungen. (MENSCHING 1990, S. 28)

3.1 Aridität und Dürre

Die ariden (100- 200mm Niederschlag (N)), semiariden (zwischen 250- 300 und 600mm N) und trocken- subhumiden (600-1200mm N) Regionen gehören zu den Gebieten, in denen die Desertifikation stattfindet. Es sind Bereiche, in denen die Verdunstung für die meiste Zeit höher ist als der Niederschlag. (vgl. Abb. 2) (MAINGUET 1994, S. 18, 154) Die steigende Aridität ist ein großer Einflussfaktor für den Desertifikationsprozess der Tropen und Subtropen. Die Variabilität des Klimas und die damit verbundene Aridität stellen ein erhebliches Anbaurisiko für Kulturpflanzen dar, beeinflussen die Vegetationsoberfläche und verstärken somit die Ausbreitung wüstenähnlicher Bedingungen in den Steppen- und Savannengebieten. (GEIST 2005, S. 51) Dieser Vorgang wird von UNEP als „desert enroachment" (das Vorrücken der Wüste) bezeichnet. Dürre und Aridität sind in enger Verbindung stehende Phänomene. Aridität ist das Ergebnis eines andauernden Niederschlagsdefizits. Dürre ist eine lang anhaltende Abweichung des normalen Niederschlags. Um zu verstehen inwiefern die Desertifikation mit der Dürre in Bezug steht, muss zunächst die Dürre analysiert werden. (MAINGUET 1994, S. 23) Die durch die Dürre verursachte Degradierung von Vegetation, Boden und Wasserhaushalt sind ausschlaggebende Faktoren für die Desertifikation. Begründend das Dürre zu den klimatologischen Ursachen der Desertifikation gehört, wird erörtert, wie Dürren hervorgerufen werden können.

3.2 Klima und Dürre im Sahel

Der Sahel kann als Beispiel für einen Ort der Dürre herangezogen werden. Sahel ist die *„Übergangszone zwischen Sahara und den äquatornahen Feuchtgebieten...den Bereich, in dem die jährlichen Niederschlagssummen mehr als 100mm, aber weniger als 750 mm betragen."* Die große Dürre (1968- 1973) im Sahel trat zeitgleich mit Anomalien von Temperaturen und Niederschlägen in anderen Regionen der Welt auf. (KLAUS 1981, S. 1- 2) Normalerweise wandert der tropische Niederschlagsgürtel in den Monaten März und August in nördliche Richtung Westafrikas und in der Zeit von September bis November in südliche Richtung. In der Sahelzone fallen die Niederschläge auf die Sommermonate Juni- Oktober. Die Niederschläge in den trockenen Regionen sind an die Änderung des Zenitsstands der Sonne und darauf folgenden Lage der Innertropischen Konvergenzzone (ITC mit 1-2 Monaten Rückstand) gebunden. (vgl. Abb. 3) Erreicht die ITC in den Sommermonaten die nördlichen Breiten, so kann durch einen zunehmenden Feuchtegehalt mit Regen gerechnet werden. Dies hängt mit der Erwärmung des Bodens und der darüber liegenden Luftmassen zusammen, wodurch die Luft aufsteigt und es zur Konvektion kommt. Durch räumliche und zeitliche Schwankungen der Sommerniederschläge im Sahel, treten jedoch immer wieder häufige Dürreperioden auf. (KLAUS 1981, S. 10-17) Die Abnahme der Niederschläge zum Norden hin ist im westlichen Sahel alle 10km mit einer

Abweichung von 10 mm N gekennzeichnet. Jährlich kann man mit 10-50 Tagen Niederschlag rechnen, wobei auch hier Abweichungen von 4 Tagen weniger Regen pro 100 km auftreten. Es muss jedoch beachtet werden, dass die Niederschläge vom Mittelwert langjähriger Messungen eine Schwankung von 20-50% aufweisen können. (vgl. Abb. 4) (KLAUS 1981, S. 6-7)

3.3 Ursachen der Dürre

Zirkulationsdynamisch gesehen tragen die Antizyklonen zu den Niederschlagsdefiziten im Sahel bei. Das regenbringende St.- Helena Hochdruckgebiet des Südatlantiks wandert dabei weniger in Richtung Nord, sodass der SW-Monsum die ariden Gebiete nicht erreichen kann. Weiterhin ist das Azorenhoch und Libyen-Hochdruckgebiet in Abhängigkeit der Trogpositionen so intensiv, dass die nördliche Verlagerung der ITC verhindert wird. Dies ereignet sich wenn NW- Winde die Luftmassen der Sahara in die Zone der tropischen Ostwinde bringen (KLAUS 1981, S. 66). So ist auch die Zunahme der meridional gerichteten Großwetterlagen, im Zusammenhang mit der Dauerhaftigkeit der Trogpositionen, welche die Wanderung der ITC in nördliche Richtung verhindert, ein Grund für das Vorhandensein der Dürre im Sahel. (KLAUS 1981, S. 77)

4 Anthropogene Ursachen

Nicht nur Defizite im Niederschlag oder der Klimawandel verursachen Dürren und damit die Desertifikation. Es sind vor allem die sozioökonomischen Aspekte, die Veränderungen im Ökosystem und dadurch Desertifikationsprozesse hervorrufen. (MAINGUET 1994, S. 23-24)
In den semiariden und subhumiden Gebieten gehören Dürren zum gewöhnlichen Klimageschehen dazu. Die natürliche Vegetation ist eigentlich den klimatischen Bedingungen angepasst. Dürren allein erniedrigen zwar die Produktivität der Nutzpflanzen, jedoch wird die Vegetation durch anthropogene Einflüsse fast völlig vernichtet. In Abhängigkeit von der Niederschlagsvariabilität fehlt die Kraft zur Regeneration, wodurch Vorraussetzungen für die Desertifikation geschaffen werden. (MENSCHING 1990, S. 32-34) So erlebte man diese Situation in der bereits erwähnten Dürre zwischen 1968 und 1973 im südlichen Sahel. Anbaugebiete sind durch anthropogene Eingriffe dermaßen zerstört worden, dass sich die natürliche Vegetation und auch die Kulturpflanzen nicht schnell genug regenerieren konnten. Trotz folgender Niederschläge dauerte es sehr lang bis die Erntebeträge einen relativ normalen Stand erreichten. (KLAUS 1981, S. 1) Auf Grund des Bevölkerungswachstums in den semi-ariden und sub- humiden Gebieten wird mehr Nahrung und Energie benötigt. Dieser Aspekt verursacht eine enorme Ausbeutung der natürlichen Ressourcen. (BABAEV; ZONN 1999, S. 52) Die dadurch entstehende Beanspruchung der Vegetation und des Bodens übersteigen die Tragfähigkeit der Land- und Wasserverfügbarkeit. Auch der Rückgang traditioneller Wirtschaftspraktiken (Nomadismus) führte zu Änderungen im Ökosystem. Durch die Entstehung kultivierter Gebiete ist „Shifting Cultivation" als Form des Lebensunterhalts nur noch selten vertreten. (MAINGUET 1994, S. 23-24)

4.1 Degradierung der natürlichen Vegetation

Im Vordergrund steht, dass der Mensch mit seinen Eingriffen das Gleichgewicht des ohnehin klimatisch labilen Ökosystems außer Kontrolle bringt. Diese Tatsache wird im

Allgemeinen als "human impact" bezeichnet. Die Art und Weise der Bodennutzung in den ariden und semiariden Gebieten und der damit verbundene Eingriff in das natürliche Ökosystem bewirkt die Degradierung von Boden, Wasser und Vegetation. (vgl. Abb. 5) (MENSCHING 1990, S. 37-38) Grundsätzlich verändert sich das natürliche Ökosystem in allen Vegetations- und Klimazonen(,) sobald es der Kultivierung des Landes (z.B. Rodung von Wäldern) ausgesetzt ist. Entscheidend ist jedoch, welchen Bedingungen die Bodenoberfläche und schließlich der Boden ausgesetzt sind, die folgend die Degradierung der Bodendecke und dem Wasser- und Nährstoffhaushalt bewirken. Prinzipiell gibt es zwei Einflussfaktoren, die ihren Beitrag zu den Folgen des anthropogenen Eingriffs leisten. Zum einen sind dies die Vegetations- und Klimazonen und zum anderen, unter Einbeziehung von der Bodenart und der jeweiligen Hangneigung, das Relief der Region. Diese Faktoren wirken sich auf die Intensität des Desertifikationsprozesses aus. (MENSCHING 1990, S. 38)

4.2 Landwirtschaft

Überweidung oder der Abbau von Pflanzen können in ariden Gebieten zunächst die Degradierung von Vegetation mit begleitender Bodendegradierung verursachen. (BABAEV; ZONN 1999, S. 51) Die Viehwirtschaft und auch die Anbauproduktion (verbunden mit Entwaldungen) gehören als Form der Landnutzung zu den Hauptursachen, welche mit der Desertifikation assoziiert werden. Durch die Vergrößerung der Flächen für den Ackerbau verkleinern sich die Weideflächen für das Vieh. Dies führt zur Überweidung des übrig gebliebenen Landes, wodurch ein Mangel an brauchbaren Boden herrscht und somit der Bodenabbau ausgelöst wird. Insofern muss beachtet werden, dass die nomadische Beweidung (Wandertierhaltung) eher weniger zur Desertifikation beiträgt, als die extensive Weidewirtschaft (Sesshaftigkeit). Der saisonale Ackerbau ist naturgemäß an Niederschläge gebunden, was jedoch durch Bewässerungsanlagen oder durch den Gebrauch von Oasen umgangen werden kann. Dieser Gesichtspunkt trägt zur Degradierung der Trockengebiete bei. (GEIST 2005, S. 97)

4.2.1 Degradierung durch unangemessene Anbauproduktion

Bei der unangemessenen Anbauproduktion, handelt es sich um den „*Ackerbau, der flächenhaft dort betrieben wird, wo das ökologische Nutzungspotenzial beschränkt ist und sowohl die klimatischen als auch die mit der Rodung verbundenen anthropogenen Ursachen für Desertifikationsprozesse gegeben sind.*" (MENSCHING 1990, S. 42) Vor allem in Dürrezeiten vergrößern Landwirte ihre Ackerflächen, wodurch ein zu großes Areal der natürlichen Vegetation beraubt ist, sodass Wind- und Wassererosion durch die geschwächte Bodenstruktur leicht stattfinden kann. Bei der Deflation werden dadurch die Sande mit ihren ohnehin wenigen Nährstoffen abtransportiert. Die Regenerationskraft der Pflanzen ist zu gering, sodass der Desertifikationsprozess verstärkt stattfinden kann, wenn letztlich auch die Wurzeln der Pflanzen herausgezogen werden. (MAINGUET 1994, S. 68) Die moderne mechanisierte Landwirtschaft benötigt große Felder und ermöglicht tiefes Pflügen, was ebenfalls eine starke Zerstörung der Bodenstruktur verursacht und den Desertifikationsprozess intensiviert. Weiterhin führt die Verkürzung der Bracheperioden zur Erschöpfung der Nährstoffe im Boden, wodurch das Leistungspotential zur Produktion vermindert wird. Dies gilt vor allem für die afrikanischen Trockengebieten. (THOMAS; MIDDLETON 1994, S. 74- 76) Die Desertifikation kommt besonders dann zutage, wenn großflächiger Ackerbau betrieben wird und zusätzlich keine Vegetationsstreifen zum

Schutz stehen gelassen werden bzw. keine von pflanzen bewachsenen Erdwälle existieren. (MENSCHING 1990, S. 43-44) In der heutigen Zeit ist es jedoch gar nicht mehr üblich auf eine Vergrößerung der Fläche zurückzugreifen. Viele Menschen verwenden Düngemittel und Pestiziden in Trockenperioden, wodurch der Schaden noch größer wird. (MAINGUET 1994, S. 68)

4.2.2 Degradierung durch Abholzung

Die Abholzung von Bäumen in den Trockengebieten, die als Bau- und Brennholz genutzt werden, führen zur Desertifikation. Vor allem seit den modernen Landwirtschaftsmethoden, wie dem mechanisierten Pflügen und der Anwendung von Bewässerungsanlagen, die dem Ackerbau und Viehzucht dienen, finden mehr Rodungen statt. Dies begründet sich zum einen durch das Bevölkerungswachstum und den ländlichen Ansiedlungen, welche wegen dem hohen Bedarf einen räumlichen Druck ausüben. Asien ist damit beispielsweise zu 57% betroffen, aber auch Abholzungen in Afrika und Süd- Amerika lassen Flächen zu jeweils 41% und 43% desertifizieren. (GEIST 2005, S. 99) Ein weiteres Beispiel stellt Äthiopien dar, was nur noch zu 4- 6%, von ehemals 40 %, bewaldet ist. Hinzu kommt, dass Düngemittel verwendet werden, wenn die Brennholzreserven verbraucht sind. Dem Boden werden dadurch die Nährstoffe entzogen. (THOMAS; MIDDLETON 1994, S. 78-82) Im engeren Sinne *„verändert sich durch fehlende Schattenwirkung auch die Bodenfeuchtigkeit. Höhere Einstrahlung bedingt höhere Verdunstung. Zudem wirkt sich auch die ungehinderte Windgeschwindigkeit negativ aus. Sie fördert die äolische Deflation.“* (MENSCHING 1990, S. 39- 41)

4.2.3 Degradierung durch Überweidung

Die Weideflächen werden in den semiariden Gebieten nicht nur durch den unangemessenen Ackerbau zerstört, sondern auch durch Überweidung. Die Überweidung wird zum Beispiel in der Sahelzone hervorgerufen, indem die Agrarwirtschaft immer mehr Flächen der Viehzucht einnimmt. Die ländliche Bevölkerung hat aber auch unabhängig von der Qualität den Drang ihren Viehbestand, welcher wichtig für den Lebensunterhalt und wirtschaftlichen Handel ist, so groß wie möglich zu halten. Ein unkontrollierter und unverantwortlicher Zuwachs der Tiere ist die Folge. (THOMAS; MIDDLETON 1994, S. 67, 71) Dies beruht darauf, dass die Tiere neben dem Statussymbol auch eine Versicherung für die Tierhalter in schlechten Jahren darstellt. Schätzungen nach hat sich seit dem Beginn des 20Jh der Bestand an Ziegen und Schafen um das 5fache erhöht, die Zahl der Rinder und Kamele sogar um das um das 10fache. (MAINGUET 1994, S. 68) Allein in den Jahren von 1945-1975 wurde in Mauretanien, Senegal und Obervolta statistisch eine Zunahme des Rinderbestands von 200% verzeichnet, in Mali, Tschad und Niger ergab sich sogar ein Zuwachs von 400%. Ähnliche Werte gelten auch bei Schafen und Ziegen. (KLAUS 1981, S. 122) Zur gleichen Zeit erhöhte sich jedoch nicht die Verfügbarkeit der Nutzungsflächen, sodass die zu hohen Viehbestände nicht an die Tragfähigkeit der jeweiligen Regionen angepasst waren. Tragfähigkeit ist dabei die Zahl des Viehbestands, die eine bestimmte Fläche aufnehmen kann, ohne das schädliche Folgen daraus entstehen. Bei Überschreitung dieser Tragfähigkeit und damit Überweidung, kommt es auf Grund von Vegetationsveränderungen zur Degradierung. (THOMAS; MIDDLETON 1994, S. 71) Überweidung führt so zur Verminderung der Tragfähigkeit und Abnahme nahrhafter, rehabilitationsfähiger Pflanzen. Die Fähigkeit des Bodens Wasser zu infiltrieren wird durch das Trampeln der Tiere herabgesenkt. Somit hat die Überweidung einen drastischen Effekt auf die Pflanzendecke, welche durch die Dürre ohnehin schon sehr anfällig ist. (MAINGUET 1994, S. 68) Seit 1830 erscheint zunehmend die extensive Weidewirtschaft. Die überhöhte Konzentration der Hirten mit ihren Viehbeständen in der Nähe von Bohrlöchern und Siedlungen, führt zu Schädigungen des Weidelandes. Bohrlöcher dienen zur Lebenserhaltung großer Viehbestände in Dürrezeiten und begründen, dass keine Viehwanderungen unternommen werden. (THOMAS; MIDDLETON 1994, S. 68, 73) Die Balance zwischen den Herden und der Qualität des Grases bzw. auch der Wasserverfügbarkeit geht vollkommen unter. Das Problem der Überweidung wird zum Teil auch durch die Regierung verursacht. Diese stellten wie z.B. in Niger die Wasseranlagen für die Bevölkerung zur Verfügung und waren in nicht in der Lage die dortigen Herdenführer zu vertreiben als der Boden sich allmählich verschlechterte. In einem kilometerweiten Umkreis ist durch die Degradierung des Umlands und damit eintretender Desertifikation keine Vegetationsschicht mehr vorhanden. Die Vegetation ist nicht allein durch das Fressen und Zertrampeln zerstört worden, sondern auch durch das Herausreißen der Wurzeln. Ein weiteres Problem ist somit die Niederlassung und Ansiedlung der Nomaden mit ihren Viehbeständen. Wurde früher die Weidefläche nach einer Abgrasung gewechselt, so wird sich immer mehr auf bewässerte Agrarwirtschaft beschränkt. Dem hinzu kommt die Einführung der Transportmittel in die ländlichen Aktivitäten, die zum einen für den schnellen Transport der Tiere und zum anderen für den Transport von Futter und Wasser sorgen. (MAINGUET 1994, S. 67-68) Natürlich ist die Degradierung der Weidefläche nicht alleiniger Verursacher der Desertifikation, dennoch wird sie in den Vordergrund gestellt, da die Landnutzung in den trockenen Gebieten eine wichtige Funktion verkörpert. (MENSCHING 1990, S. 44-45)Gerade in Australien und den USA gilt die Überweidung als hauptsächlicher Grund der Degradierung (THOMAS; MIDDLETON 1994, S. 68)

4.3 Ausbau der Infrastruktur- Misswirtschaft in der Bewässerung

Bevölkerungskonzentrationen in den ariden Klimazonen beruhen meist auf die Existenz von Wasser. Da es sich um sesshafte Siedlungen handelt, werden wie schon erwähnt die bewirtschafteten Flächen übernutzt. Das geschieht durch die Vergrößerung der agrarwirtschaftlichen Flächen, aber auch durch zu große Viehbestände. Die Flächen werden ununterbrochen genutzt, sodass sie keine Möglichkeit haben sich zu regenerieren. (MENSCHING 1990, S. 48-50) Die Errichtung der Bewässerungsanlagen geht zumeist aus der Vergrößerung von Siedlungen, dem Ausbau der Infrastruktur oder aus industriellen Entwicklungen (z.B. Öl und Gasindustrien) hervor. In Australien und Asien gehört der Ausbau der Bewässerungsinfrastruktur zu den Hauptursachen, welche die Desertifikation begünstigen. (GEIST 2005, S. 99) Das Wasser, welches zur Bewässerung der Felder dient, wird z.B. aus den Tiefbrunnen, Pumpstationen, Bohrlöchern, über Kanäle, von Talsperren, Wasserleitungen und ähnlichen Bewässerungssystem entnommen. Die Bewässerungswirtschaft stabilisiert somit zunächst die Landwirtschaft, trägt zur hohen Produktivität bei und vermindert die Gefahr der Dürren. Kommt es jedoch zum Missbrauch, muss mit gefährlichen Prozessen wie Versalzung und Wasserstau gerechnet werden. Derzeit beträgt die Fläche der versalzenen Böden ca. 900 Mio. Hektar. (BABAEV; ZONN 1999, S. 52) Folglich verliert die Erde jährlich enorme landwirtschaftlich nutzbare Flächen durch verschiedene Bewässerungsschemen und der darauf folgenden die Versalzung.

4.4 Andere Ursachen

Für die jeweiligen Regionen, welche von der Desertifikation betroffen sind, existieren weitere Ursachen. Industrielle Aktivitäten, wie z.B. im Mittleren Osten und in Zentralasien, verschmutzen durch Ölproduktion die Umwelt und stören das natürliche Ökosystem. Auch die erhöhten Abgase durch die zunehmende Mobilität der Bevölkerung verursacht Schäden, welche zum Desertifikationsprozess beisteuern. (THOMAS; MIDDLETON 1994, S. 82) Ebenfalls bringen Faktoren wie unkontrollierter Tourismus oder Militärtests von Nuklear- und strategischen Waffen das Ökosystem aus dem Gleichgewicht. (BABAEV; ZONN 1999, S. 53)

5 Ursachenkomplex

Die Kombination der hauptsächlichen Ursachen, welche sowohl durch Agrar-, Forst-, und Weidewirtschaft, als auch durch die klimatischen Bedingungen hervorgerufen werden, erklären 90% der Desertifikation. (Geist 95) Die Desertifikation in den semiariden und sub-humiden Regionen wird nicht nur durch eine der genannten Ursachen hervorgerufen, sondern beruht auf einen ganzen Ursachenkomplex. Äußere Rahmenbedingungen, welche hier als klimatologische Ursachen dargestellt wurden (Niederschlagsvariabilität, Aridiät, Dürre), sind die Ausgangsfaktoren für die Wirkung der anthropogenen Eingriffe in die Natur. Anthropogene Eingriffe wie die im Ackerbau und der Weidewirtschaft verursachen Degradierungen. Durch diese als „human impact" bezeichneten Eingriffe, wird stets die Pflanzendecke beschädigt und damit ihre Regenerationsfähigkeit vermindert. Im Zusammenhang mit den genannten klimatischen Bedingungen fördert dies die Desertifikation. Beachtlich sind also die Reaktionsketten, welche durch anthropogene Eingriffe ausgelöst werden. Diese Rückkopplungsprozesse werden für die Dauerhaftigkeit von Dürren und damit für das Auftreten der Desertifikation verantwortlich gemacht. Es wird davon ausgegangen, dass anthropogene Eingriffe Veränderungen im Klima zur Folge haben. Zunächst führen Defizite im Niederschlag und anthropogene Aktivitäten, wie z.B. die Überweidung, zum Rückgang der Vegetationsdecke. Der Boden ist dadurch der Erosion ausgesetzt. Im Vordergrund soll hier die Deflation stehen. Bei der Deflation werden Sandkörner aus dem Boden ausgeblasen, wodurch es zu einer Erhöhung der Aerosole in der Luft kommt. Dies wirkt sich auf die Strahlungsbilanz der Erde aus. Durch die Abkühlung und den Energieverlust in der Troposphäre erfolgen stärkere Absinkbewegungen in den Hochdruckgebieten. Letztlich folgt, dass die Niederschlagsbedingungen verringert werden und somit die Vegetation weiter verschlechtert wird. Die Beständigkeit der Dürre wäre das schwerwiegendste Ausmaß. (KLAUS 1981, S. 103) Die Zerstörung der Pflanzendecke verursacht ebenfalls die Zunahme der Albedo (Rückstrahlung). Begründend darauf nimmt auch die Evaporation zu, welche wiederum Veränderungen des Wasser- und Nährstoffhaushalts im Boden mit sich bringt. Es entstehen Bodenverhärtungen und Krusten, die den Oberflächenabfluss und damit Erosionen fördern. Des Weiteren können sich Pflanzen schlechter regenerieren, wodurch die Flächen der Desertifikation unterliegen. Die positive Rückkopplung dieser Reaktionskette verändert nicht nur Mikro- und Mesoklima, sondern auch das Makroklima. (MENSCHING 1990, S. 50-52). So steigen bei einem höheren Albedoanteil die Temperaturen der unteren Atmosphäre. Das fördert die Stabilität der Luftmassen und reduziert den konvektionsbedingten Regen. (THOMAS; MIDDLETON 1994, S. 116) Ein Grund dafür ist, dass der vegetationslose Boden keine Wärme speichern kann und restliche die Wärme ungehindert zurückgestrahlt wird. (KLAUS 1981, S. 104) Somit zeigt sich, dass die Vegetation große Einwirkung auf die

Niederschlagsprozesse hat. Bei fehlender Vegetation muss mit weiteren Niederschlagsdefiziten gerechnet werden. Restliche Pflanzenbestände werden zerstört und die nötigen Bedingungen für die Desertifikation sind gegeben. (MENSCHING 1990, S. 32-34) Eine andere Reaktionskette wird durch die Abnahme des Bodenwassergehalts bestimmt. Trockenere Böden können gegenüber Feuchteren einen Temperaturunterschied von bis zu 20 Grad aufweisen. Infolgedessen, dass sich der Boden erwärmt, werden konvektive Prozesse gestört. (KLAUS 1981, S. 104) Ein weiteres Phänomen ist der Wasserrückstau, welcher entsteht, wenn der Boden vollkommen mit Wasser gesättigt ist. Das kann zur Degradierung des Bodens führen. In besonderem Maße in bewässerten Regionen, wie in den USA, kann der Wasserrückstau zur Versalzung führen. Versalzung ist die Anhäufung von löslichen Salzen (Chloride, Sulfate, Karbonate). Der steigende Salzgehalt führt dazu, dass Pflanzen nur schwerer dem Boden Wasser entnehmen können. Salzhaltiges Grundwasser, das durch den Kapillarraum bis zur Pflanze gelangt, verhindert die Absorption von Feuchtigkeit. Dies führt zur Hemmung in der Entwicklung der Pflanze; bis hin zum Absterben. (BABAEV; ZONN 1999, S. 51) Es kommt es jedoch auf die Art der Nutzpflanzen an. So sind z.B. Gerste und Reis salzresistente Pflanzen. Zitrusfruchtbäume hingegen reagieren sehr empfindlich. Ein anderes Problem ergibt sich, wenn das gestaute salzhaltige Wasser verdunstet. Es bleiben Salzkristalle zurück, welche sich zu einer oberflächigen Salzkruste ausbilden können, was wiederum den Boden daran hindert Wasser zu infiltrieren. (MAINGUET 1994, S. 156- 157) Vor allem in den USA und in Australien wurde im Zusammenhang mit der Zerstörung der natürlichen Vegetation die Degradierung durch Versalzung hervorgerufen. Das Grundwasser an der Küste wird jedoch auf natürlichem Wege durch den Seewassereinbruch versalzt. (THOMAS; MIDDLETON 1994, S. 78) Je nach Einzugsgebiet reicht es aus, wenn das benutzte Wasser nur einen geringen Salzgehalt aufweist. Dies ist z.B. beim Induswasser der Fall. Mit einem Salzgehalt von 0,03 % und einer Bewässerung auf agrarwirtschaftlich nicht genutzten Flächen von 300 mm pro Jahr, hinterlässt diese pro Hektar 900 kg Salz. (MENSCHING 1990, S. 47) Ein weiters Beispiel für die schnelle Ausbreitung von wüstenähnlichen Bedingungen ist der Aralsee, welcher auf Grund von Wasserprojekten erhebliche Schäden davon trug. (vgl. Abb. 6) (BABAEV; ZONN 1999, S. 51) Letztendlich führen Versalzungen des Bodens dazu, dass das Land agrarwirtschaftlich nicht mehr genutzt werden kann. Die Degradierung der Vegetationsschicht führt zur höheren Verdunstung. Dies führt zur Veränderungen im Mikroklima. Die Aridität wirkt sich im Zusammenhang mit einer intensiveren Bodenaustrocknung stärker aus und die Flächen werden desertifiziert. (MENSCHING 1990, S. 46-31)

6 Zusammenfassung

Die Desertifikation ist die Degradierung von Vegetation, des Bodenwasserhaushalts und des Bodens und kann durch Erosion und Versalzung hervorgerufen werden. Im Allgemeinen beschreibt die Desertifikation die Ausbreitung wüstenähnlicher Verhältnisse in ariden, semi- ariden und trocken- subhumiden Gebieten. Die Trockengebiete sind durch Dürren und klimatischen Variabilitäten gekennzeichnet. Die Pflanzendecke und auch der Boden sind zwar an das trockene Klima angepasst und gelten durchaus als stabil, solange sie nicht von anthropogenen Eingriffen gestört werden. Die Dürre hat somit großen Einfluss auf die wassergestressten Regionen, wenn enormer Druck durch eine intensive Landnutzung und Bevölkerungswachstum besteht. Die Desertifikation wird hauptsächlich durch den Menschen verursacht, wobei auf jeden Kontinent unterschiedliche Ursachen stärker hervortreten aussehen. Folglich wird z.B. durch die zu große Viehhaltung in

Australien und Afrika, durch die Überbevölkerung in China, durch die Übernutzung der Vegetation wie in Russland oder durch den übermäßigen Verbrauch an Grundwasser und anfälligen Boden der USA die Desertifikation hervorgerufen. Für alle Kontinente gilt, dass ein Missmanagement, vor allem in Dürreperioden, vorliegt, welches die Tragfähigkeit der Weide- und Anbauflächen bei weitem überschreitet. Dürre und Austrocknung in Trockengebieten erhöhen die ökologische Empfindlichkeit der menschlich verursachten Degradierung. Die Zerstörung der Pflanzendecke bei der Kultivierung erhöht die Wahrscheinlichkeit der Bodenerosion enorm. Das Zurückgreifen auf Bohrlöcher, die Verkürzung der Brachezeiten und der Verbrauch des Grundwassers reduzieren zudem die Möglichkeit der Pflanzen, sich von Dürren zu erholen. Letztlich werden durch den Eingriff in das natürliche Ökosystem weitere Prozesse hervorgerufen, die im Klima der trockenen Gebiete zu Veränderungen führen.

Anhang

Abb. 1 Aride, semiaride und trocken- subhumide Gebiete

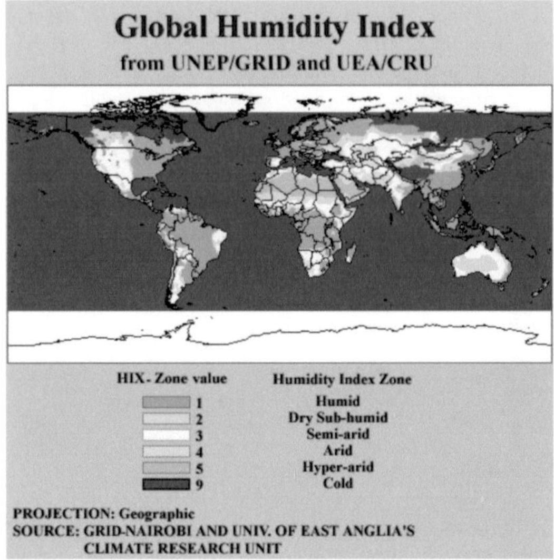

Quelle: http://www-cger.nies.go.jp/grid-e/gridtxt/hind_geo.html

Abb. 2 Verdunstung der ariden, semiariden und trocken- subhumiden Gebiete

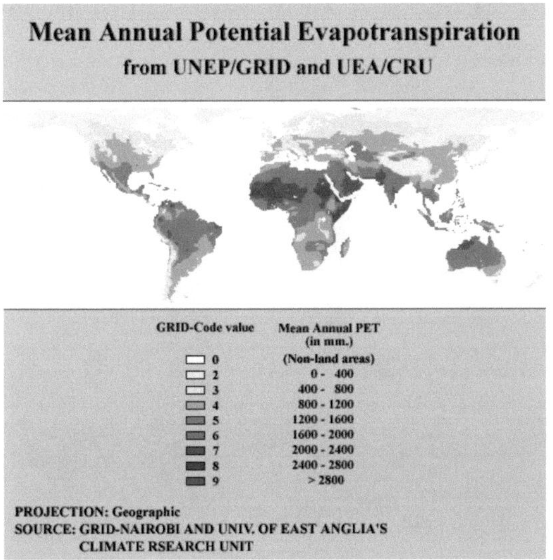

Quelle: http://www-cger.nies.go.jp/grid-e/gridtxt/prec_geo.html

Abb. 3 Lage der ITC

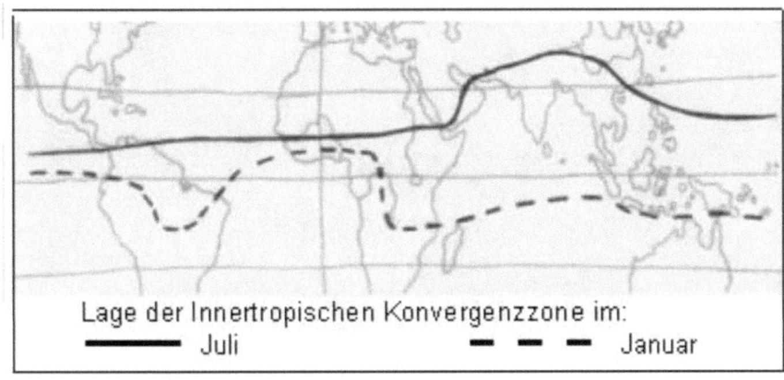

Quelle: http://www.m-forkel.de/klima/zirk_passat.html

Abb. 4 Jährliche Schwankungen in Prozent

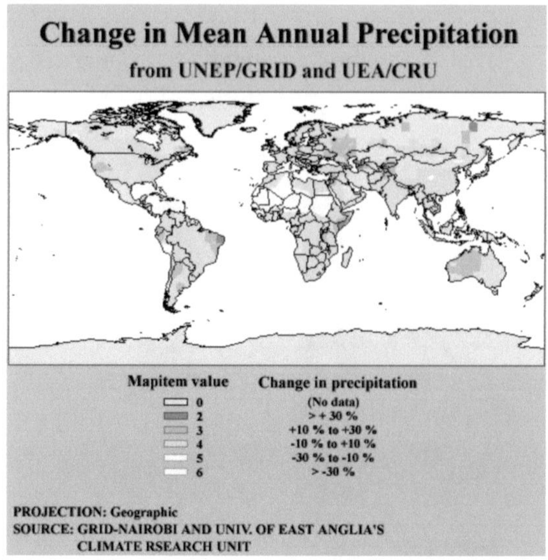

Quelle: http://www-cger.nies.go.jp/grid-e/gridtxt/prechgeo.html

Abb. 5 Degradierung des Bodens

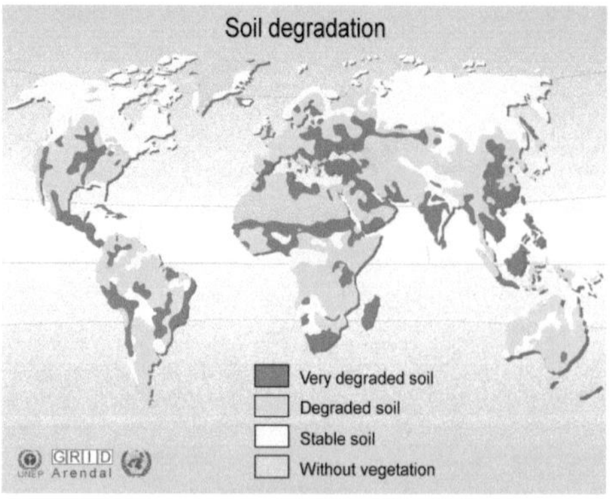

Quelle:
http://www.globalchange.umich.edu/globalchange1/current/lectures/soils/soildegmap.
gif

Abb. 6 Versalzung des Aralsees

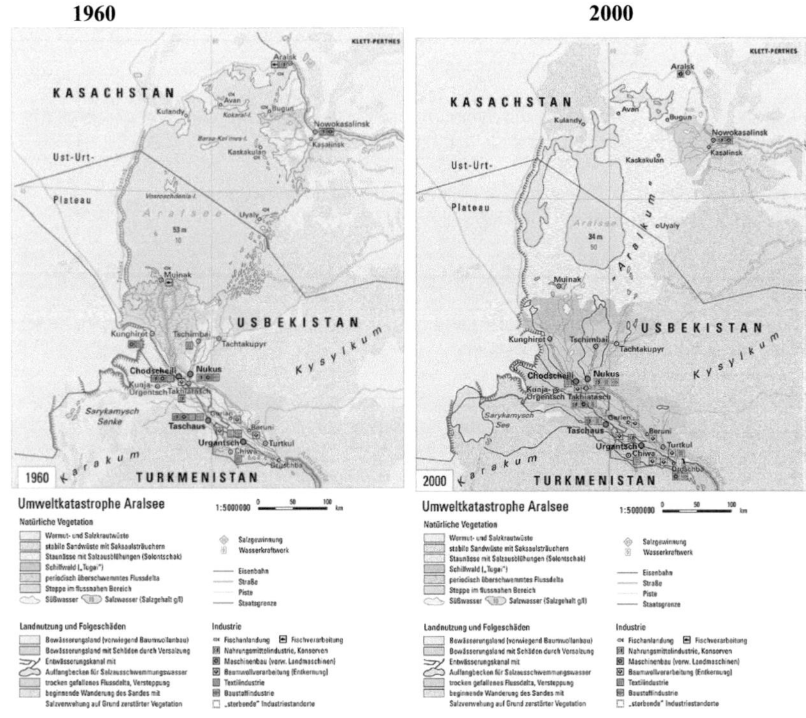

Quelle: http://www.geo.tu-freiberg.de/hydro/aral/aral_de/index.htm

Literaturverzeichnis

BABAEV, A.; ZONN I. (1999). Desert Problems and Desertification in Central Asia: The Researches of the Desert Institute. Springer-Verlag: Berlin, Heidelberg.

FLOHN, H. (1982). Warum ist die Sahara trocken?. Wissenschaftliche Buchgesellschaft: Darmstadt, In: Physische Geographie der Trockengebiete; S.55-69.

Forkel, M. (2008). Die Passat- und Monsunzirkulation, http://www.m-forkel.de/klima/zirk_passat.html, eingesehen am: 26.03.2008.

GEIST, H. (2005). The Causes and Progression of Desertification. Ashgate: Aldershot

KLAUS, D. (1981). Klimatologische und klima- ökologische Aspekte der Dürre im Sahel. Franz Steiner Verlag GmbH: Wiesbaden

Klett- Verlag. Umweltkatastrophe Aralsee, http://www.geo.tu-freiberg.de/hydro/aral/aral_de/index.htm, eingesehen am: 26.03.2008.

MAINGUET, M. (1994). Desertification: Natural Background and Human Mismanagement. Springer-Verlag: Berlin, Heildelberg.

MENSCHING, H (1990). Desertifikation: Ein weltweites Problem der ökologischen Verwüstung in den in den Trockengebieten der Erde. Wissenschaftliche Buchgesellschaft: Darmstadt.

THOMAS, D.; MIDDLETON, N. (1994). Desertifikation: Exploding the Myth. John Wiley& Sons: Chichester.

United Nations Conference on Desertification (Hrsg) (1977). Desertification: Its Causes and Consequences. Pergamon Press: Oxford

UNEP/GRID. Soil degradation, http://www.globalchange.umich.edu/globalchange1/current/lectures/soils/soildegmap.gif, eingesehen am: 26.03.2008

UNEP/GRID; UEA/CRU Change in Mean Annual Precipitation, http://www-cger.nies.go.jp/grid-e/gridtxt/prechgeo.html, eingesehen am: 26.03.2008.

UNEP/GRID; UEA/CRU. Global Humidity Index, http://www-cger.nies.go.jp/grid-e/gridtxt/hind_geo.html, eingesehen am: 26.03.2008.

UNEP/GRID; UEA/CRU Mean Annual Potential Evapotranspiration, http://www-cger.nies.go.jp/grid-e/gridtxt/prec_geo.html, eingesehen am: 26.03.2008.